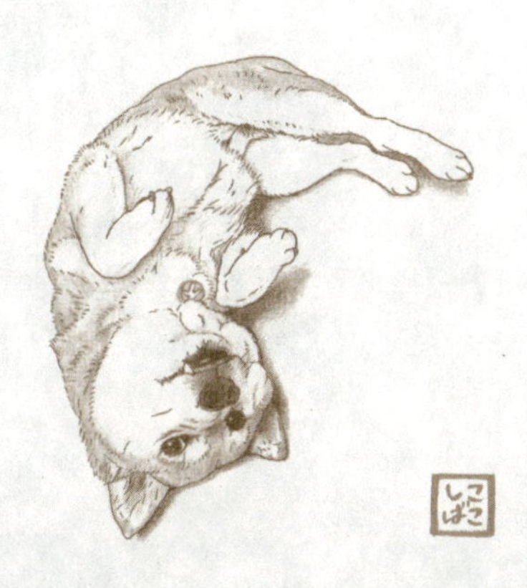
こご
しば

#ここ柴部

# 柴犬のここが好き

著　ここ柴
文　にしだまりこ

講談社

# だから、柴犬が好き

柴さんは、いつものお散歩コースにサラダバーを見つけます。
このコースのときはここ、あのコースのときはあそこ。

サラダバーにはたっぷり時間をかけて。
贅沢に、さきっぽの尖ったところだけを
次から次へついばみます。
ブチブチッと小気味いい音。

「もう行くよ」と声かけても終わらない。
制限時間なしのブッフェスタイル。

最後に肥料をやるのも忘れません。
お気に入りのサラダバーは自分で育てます。

柴さんと散歩に行くと、小さな季節の変化に気づきます。
サラダバーの草が枯れたり、新しい花が咲いたり。

柴さんは無意識に季節を教えてくれます。

くんくん。
鼻の先に季節を教えてくれます。

空を見上げることも多くなります。
雲の形が違うことに気づきます。

風の向きが変わったこと、風の温度が変わったこと。
全部教えてくれます。

けれど、雪道で滑りやすいことは教えてくれません。
いつも以上にはしゃいで引っ張って、
ご主人を転ばせてしまうかもしれません。

もくじ

# 「#ここ柴部」とは

もともとは、かつて飼っていた愛犬ハナとソラの
好きな“ここ”の思い出を描くためにスタートさせたのが、
「柴犬のここが好き」シリーズです。

やがて、Instagramに投稿されている柴犬さんの写真を
モデルにさせていただいて描くようになりました。

今は、ハッシュタグ「#ここ柴部」を付けて
Instagramに投稿していただいている
たくさんの柴犬さんの写真から好きな“ここ”を見つけて
シリーズを続けています。

にしだまりこ

Chapter 1

# 自分の快適は よく知っています

それって楽なの？
ご主人は不思議そうにするけど
これがいいんだよ。
ご主人もやってみればいいのにね。

## 01

# あごの下に手を置くと ずしっと顔を乗せるとこ

意外と体重かけてくる。

My chin feels snug in your hand.

# 02

## 挟まれる隙間を見つけて
## 挟まるとこ

決して無理に押し広げるわけじゃなく
ちょっと無理めな隙間が好き。

**I love narrow spaces.**

# 03

## ご主人にお尻を向けてても 気にしないとこ

ここが居心地いいんだもん♡

Do you mind having my tail end in your face?

## 04

# 起こしてもなかなか起きないと ベッドごと運ばれてしまうとこ

あれ？　浮いてる？
らくちんらくちん♪

I need my sleep. Just carry me like this.

# 05

## 腕まくらすると、ご主人の指先の感覚がなくなるくらいぐっすり寝てくれるとこ

あ〜しびれてきたなあ。
あ〜指先冷たくなってきたなあ。
あ〜でも…しあわせだなあ。

**Is your arm going numb? But it's such a nice pillow…**

## 06

## てててて…
## 壁の方に歩いて行くなぁと思ったら
## そのまま壁にもたれて休んでるとこ

自分のペースで歩けばいいよ。
ご主人が合わせてくれるからね。

Let me lean against this wall. I need a little break.

# 07

# 「ほらほら、掴（つか）んでごらん」と誘惑するように、後ろ足をまとめるとこ

掴んでみたい。
うずうずするー。

**Here! You can grab me by the legs!**

## 08

## 川遊び！のはずが、
## なぜか入浴シーンに見えてしまうとこ

あぁ〜気持ちいい〜。

Just chilling out in the river.

# 09

## 「これはベッドです」<br>と思ってるのはご主人だけで<br>本犬にはベッドの概念はないとこ

自分でカスタマイズしたの？
なんて斬新な使い方。

**I customized this bed for myself.**

## 10

# 日射しの強い日に
# 上手に人の陰に入って涼んでるとこ

ここ涼しいわ〜。

This is like sitting in the shade of a tree.

# 11

## お天気がいいと
## 庭先や窓際に落ちてるとこ

ころころ
柴犬落ちてます。

It's such a nice day… Let's just relax…

## 12

# ぴったりはまるサイズを
# わかっているとこ

スキマイスターだね。
たまにちょっと無理するけど。

**This is a perfect fit.**

# 13

## 壁を上手に利用するとこ

寝返りうつときにキックしたり
ひっくり返らないようにストッパーに使ったり。
壁使いの魔術師と呼ばせてください。

**I use walls to do flips or to hold myself up.**

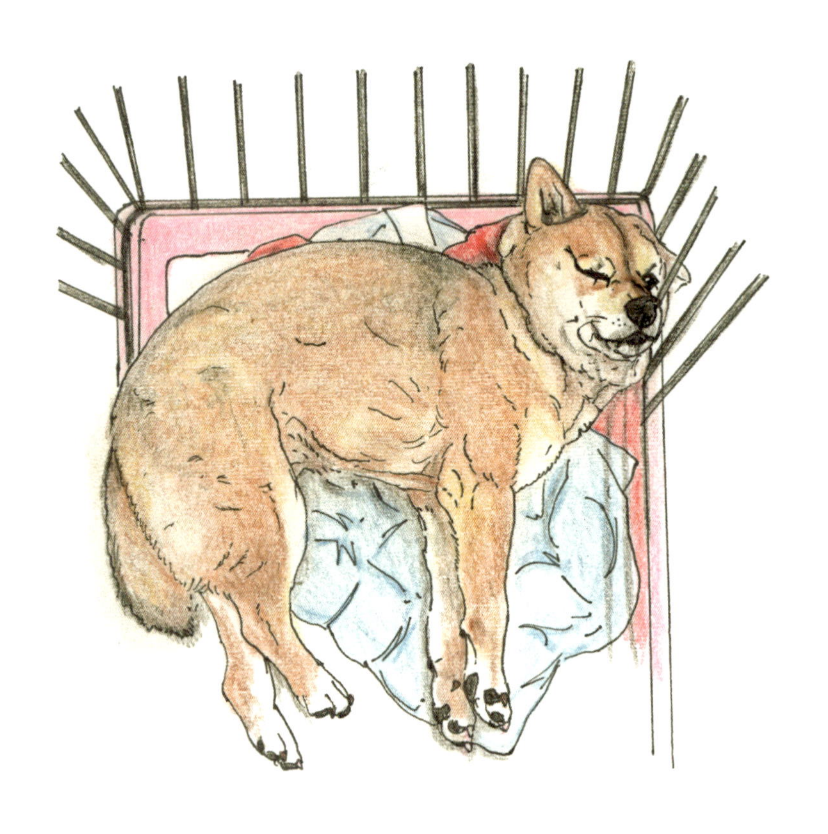

## 14

# あえて短い辺を選んで寝るとこ

長いほうの辺で寝れば、
もっとゆったり寝られるのに。

I like to sleep in snug places.

Column

# こうして“ここ柴”イラストはできあがっています

写真を元に、鉛筆とボールペンで下描きし、
色鉛筆で丁寧に色のせしています。
写真は、昔飼っていた親子のハナとソラ。

大好きなソファはふたりで半分こするとこ

スーパーボールを見ると
なぜか鼻にシワが寄るとこ

お父さんの隣で安心するとこ

kokoshibabu

Chapter 2

# 甘えん坊でも<br>いいでしょう？

だって大好きなんだもん。
ご主人だって甘えたいときに
甘えていいんだよ。

## 15

一緒にお出かけ～と思って下りてきたけど
お留守番とわかって
階段の途中で止まっちゃうとこ

せつない…。

I thought we were going out together… Guess not…

## 16

## 大好きな遊びのときに
## 至福の表情を見せるとこ

引っ張りっこ大好き♡♡
ご主人大好き♡♡♡

**Pulling this cloth makes me so happy.**

# 17

## 人間の子どもと同じように甘えるとこ

いやだー。
こわいよー。
ママが大好きだよー。

**I love my mom so much.**

## 18

### 大好きなご主人とお散歩してると
### 嬉しい気持ちが後ろ足に出ちゃうとこ

うれしいなー。
ルンルン♪
スキップする子もいるね。

**When I'm happy, I skip! Like this!**

## 19

ちょっと怖かったり
不安なことがあったりすると
ご主人に触れて落ち着くとこ

ご主人いてくださいね。

I like to touch you when I'm feeling nervous.

## 20

ご主人の顔面マッサージが
気持ちよすぎて
うっとりしちゃうとこ

ご主人、
ゴッドハンドです！

Your massage takes me to heaven.

## 21

# ご主人がトイレに入ると てててっとついてきて、ドアの隙間から覗いてるとこ

じーっ…。
「何してるの？」「まだ？」

**Aren't you coming out yet?**

# 22

## 側溝が怖くて逃げ腰になると、ご主人に説得されるとこ

大丈夫！ 跳べる跳べる！
せえの…。
助けてあげようとしても、どんどん後ろに下がっていっちゃうね。

**I can't walk over grates.**

## 23

# 無言の訴えはくみ取ってよ！
# と思ってるとこ

あ〜その顔は…
お散歩行きたくないときの顔やったかな〜。

**We don’t need words. You know what this face means.**

## 24

# 荷造りを邪魔するとこ

お留守番じゃないからね。
バッグに入らなくても置いていかないから
大丈夫だよ。

**Take me with you. I can fit in this bag.**

Column

“ここ柴” パーツ編 ①

# ここ！ ここが たまらなく好きなんです。

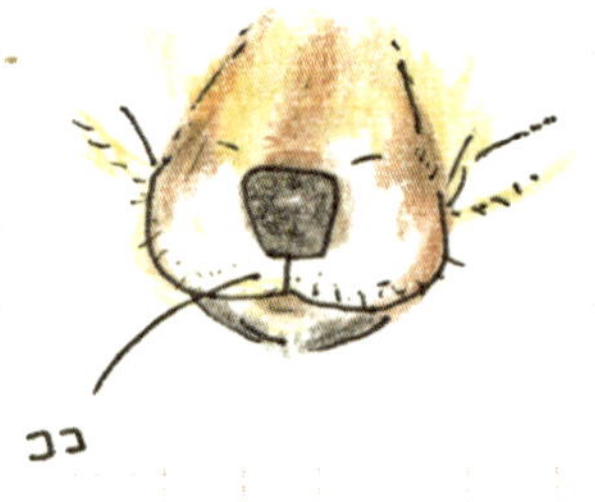


鼻の下の柔らかいとこ

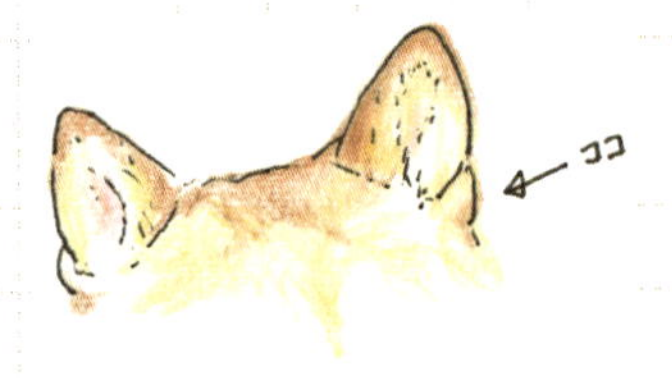


小耳
(耳の横のちっちゃい耳)

２重巻きのしっぽ
(巻き尾さん限定)

白目がちらっと見えるとこ

kokoshibabu

Chapter 3

# ゴーイング・ドッグ・ウェイ

これが柴道（しばどう）。
自分の信じた道を突き進むんだ。
ご主人にはちょっと
理解できないみたいだけど。

## 25

## 一度決めた道は
## たとえ行く手を阻むものがあろうと
## 決して変えないとこ

ここから行く！ 絶対行く！ 戻らない！ 何とかなる！
ならないよ。

**Where there is a will, there is a way.**

## 26

## 「それ、直したほうがいいと思いますけど…」なことをそのままで平気なとこ

よかれと思って直したのに、ムッとされたりする。

I don't mind this. But you can fix it if you want to.

## 27

# かぶりものをすると何でか上向くとこ

何かを悟ってるのか？　それとも「あ〜あ、またかよ」
と、あきらめの表情なの？
「ぶんぶんして振り落としてやる」
と、こちらのスキを狙ってるのかも？

**Why are you making me wear this?**

## 28

## それはいらないけどな〜
## と思うものを、大事にガードするとこ

これは大事です！
あげませんよ。

**This is mine. I want to keep it.**

## 29

# 何気なく人の足を踏んでるとこ

しれーっと踏んでくるけど、
わざとやってるの知ってるよ。

**So what if I'm stepping on your foot?**

## 30

## 絶対に水に浸かりたくなくて「ミッション：インポッシブル」みたいになるとこ

絶対に浸かってはいけないミッションなの？

**Mission: Impossible - Do not get wet.**

# 31

## おやつをもらうためなら<br>顔がムギュ～ッてなっても、<br>少々痛くてもグイグイくるとこ

このグイグイ圧が気持ちいい。

I'm squeezing through to get my treat!

## 32

# 自分のしっぽ相手に本気になれるとこ

一番近くて一番遠い。
捕まえられそうで捕まえられない相手。
永遠のライバル。

**I'm going to catch my tail! I know I can!**

## 33

## ご主人が自分の好きなものを食べていると、もれなく自分ももらえると思っているとこ

ちょっとフライング気味。
ベロ出てるよ〜。

You're going to share that with me, aren't you?

## 34

# 絶対、無理なのに
# 手で外そうと試みるとこ

これ、嫌なんだよなー。
こうして、ここをこうして…。
仔犬の頃って、リードを付けられるの嫌がりがち。

**I don't like this leash. I'm taking it off.**

## 35

# おトイレは草の上で、と決めてるとこ

どんなにちっちゃくても
大地を踏みしめてたいよね。
拾いにくいんだけどね。

**I'm particular about where I do my business.**

## 36

# 人の足のニオイは厳しくチェックするのに<br>自分の足のニオイには寛大なとこ

快適な睡眠には枝豆アロマ？
それともポップコーンアロマ？

**I like the smell of my paw.**

# 37

## どんな小さなカケラも
## 残さずなめるとこ

丸くなめませんよ。
きちんと隅まで、四角くなめますよ。

**I can't leave a morsel of food behind.**

## 38

## 横になるときに肘(ひじ)を使うとこ

柴犬は背中で語ります。

**My back says it all.**

# 39

## 食べにくい高さで持つと怒るとこ

もうちょっと下！
ちがっ…。
あ〜もうっ！ ちゃんと持ってよ！
かといって持たなくても怒る。

**Hold it so I can eat it!**

# 40

## 手元が狂って体に当ててしまうと、むちゃくちゃムッとするとこ

ちょっと！
どこ投げてんのよー!!

**Hey! Watch where you're throwing!**

# 41

## 気持ちが前のめりになって
## 前脚が浮いちゃうとこ

行きたい行きたい！
あっちへ行きたい！
はやる気持ちを抑えようね。

**C'mon! We're going that way!**

# 42

## 寝るときに触ってると
## 落ち着くアイテムがあるとこ

でも寝てしまうといらなくなって
ほったらかしにされてるね。

I need my blankie when I go to sleep.

# 43

## すごいテンションでお友だちを遊びに誘ったのに乗ってきてくれなかった時引っ込みがつかないとこ

しばらくこのままで待ってるけど
相手にしてもらえないと何かに八つ当たり？

**Hey, let's play together! C'mon!**

## 44

# ほしいものがふたつあるとき
# ふたつともくわえたいとこ

どっちかなんて選べないよ。
どっちも僕のだよ。

**I'm greedy. I want both.**

## 45

## お尻をじっと見ると
## ものすごく気にするとこ

お尻の視線に敏感。

**Hey. What're you staring at?**

## 46

## おしり付近が敏感なのか鈍感なのか
## わからないとこ

ちょっと触れただけでも、びくん！
て跳びはねることもあるのに
これは、いいのか？

**What? Is there something on my butt?**

# 47

## なかなかカメラを見てくれないので、実力行使するとこうなるとこ

前向きなさいってば！
い、いやだ!!
ググググ…。

**Please stop forcing me to look at the camera!**

## 48

# 柴犬グッズを柴犬とは認めないとこ

最近、柴犬グッズ増えたなー。
ご主人は可愛いって言うけど
ぼくは認めませんよ！
やきもちやいてるのかな。

These look nothing like me.

## 49

# カーテンの向こう側は寒いって気づいてないとこ

「そこで寝るの？ 寒いよ」
「いいの。カーテンにくるまるとあったかいんだよ」
って言ってるかも。

**It's warm when I'm wrapped in the curtain.**

## 50

# さわったほうと逆のほうを
# 気にするとこ

つん！
ん!? つんつん！
なに!? もう！（触ったのは左なんですけど）

**Didn't you tap me on this side?**

# 51

## 愛情表現が過剰なとこ

お姉ちゃんのこと
好きで、好きで、大好きで
がぶっ！
食べちゃった。

I love you so much I want to eat you!

## 52

## 水の上に連れていくと、<br>水に浸かる前から泳ぎ始めてしまうとこ

かきかきかき…。
エア犬かき。

I see water, I start to swim. It's reflex.

# 53

## シャンプーのあと走り回って
## 床やソファに体を擦(こす)り付けるとこ

せ、せっかく綺麗になったのに。

**I wipe myself on the floor after I shampoo.**

## 54

事故や病気で足や視力を
失うこともあるけど、
本犬も友だちも全然気にしてないとこ

笑顔が最高！

We don't care about the differences in our appearances.

Column

"ここ柴" パーツ編 ②

# 飼い主だけにはわかる うちの子の可愛いとこ。

ひじが直角になるとこ

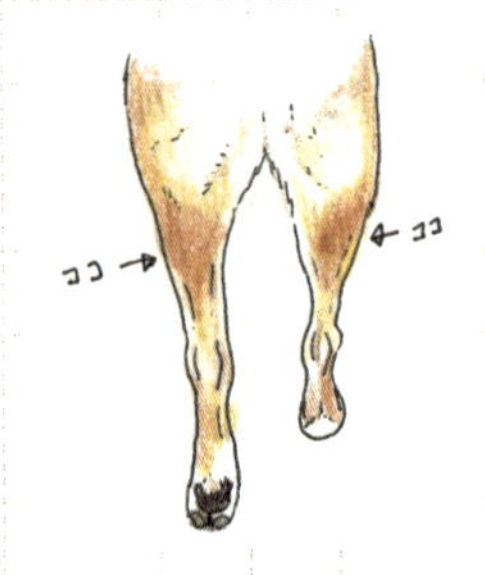


太ももの後ろの色が濃いとこ

夜んぽでお尻が光るとこ

結構ほっぺが伸びるとこ

kokoshibabu

## Chapter 4

# いつもカンペキじゃ
# なくてもいい

「柴犬って、ご主人に忠実でかっこいい」
って思ってない？
実はそうでもないんだよ。

## 55

# あ！と思ったときには、足を突っ込んでしまってるとこ

ごはんだったりお水だったり、
なぜか突っ込むんだよね〜。

**Oops! I didn't see that coming.**

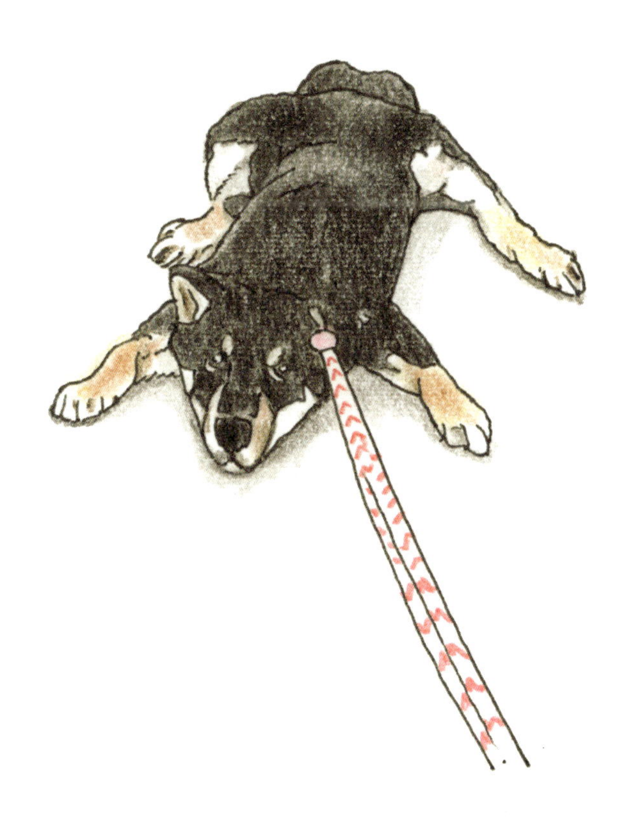

# 56

## お散歩に慣れない仔犬のときは
## イヤイヤが不器用なとこ

（そっちには行きたくないの！
こういうときどうしたらいいんだろう？）
べちゃ。

**I don't want to go that way!**

# 57

## 出したい音だけ出せないとこ

何回やっても
「ワオン」になっちゃうね。

**I can't play single notes.**

# 58

## カメラに寄りすぎて
## ベストショットを撮ってもらえないとこ

もう〜少し
離れてみようか。

**I'm ready for my close-up!**

## 59

# 大好きだから、ちゅってしたいのに<br>勢いよすぎてほっぺに刺さっちゃうとこ

ちょっと〜。
強すぎるよ〜。
それともほっぺから美味しそうなにおいしてる？

**Didn't mean to hurt you. Just wanted to kiss you.**

## 60

# 勢いあまって、<br>お友だちをつぶしちゃうとこ

勢いあまったお友だちに、つぶされちゃうとこ。
仲良しだから大丈夫。

**Oops! I didn't mean to squash your face.**

# 61

## たまに「誰やねん？！」と
## ツッコミたくなるくらい
## 顔を汚してくるとこ

可愛いので、何回も呼んで振り向かせたくなる。

**My face is so dirty you didn't recognize me?**

# 62

## 自分がやったことなのに
## ご主人のせいだと言わんばかりの目で
## 見てくるとこ

「あのー、からまったんですけどー
何とかしてほしいんですけどー」

**This is a mess! It’s all your fault!**

# 63

## 歯にモノが挟まると
## そ、そんなに？
## と思うくらい必死に取ろうとするとこ

ものすごくうろたえるから心配になるよ。

**Something got stuck in my teeth!**

## 64

# 爪切りをこの世の終わりと思っている かのようなリアクションをとるとこ

（つめ切るだけでしょ）
パチン。
（はい、もう終わったよ）

**Please! I’m begging you! Don’t cut my nails!!**

# 65

## 可愛い服を着せてあげたのに、<br>いつの間にか脱げてるとこ

どうやって肩を出したんだろう。

**What? I look cute, right?**

## 66

## スピードをコントロールできなくて
## つんのめるとこ

おっとととと！

Oh-oh! I'm going too fast!

# 67

## 落ち葉がついても、
## そのままにしとくとこ

（自然についたものですから）
お庭でごろごろしたね？

**I think these leaves look pretty on me.**

# 68

## 障子の前でゴロゴロしていると<br>ドキドキするとこ

その足、突き破らないよね。
あ、あれ？
もう破ってる!?

Sorry. My paw went through the paper screen.

# 69

## アジリティは、勢いが大切なとこ

止まっちゃったら
ちょっと登るの難しいよね。
どうしようかね。

**We need more speed to get up this slope.**

## 70

## ギリギリまでおやつを見ようとして<br>眉間にぶつけちゃうとこ

いてっ！
はじいて、食べる作戦だもんねー。

Stop throwing the doggie treats at me.

# 71

## 服の裾がめくれがちなとこ

風でめくれちゃっておしりが寒そう。
ビュオー。
ペラッ。
ブルッ。

**This shirt isn’t keeping my butt warm.**

# 72

## ちょっと無理なんじゃないの？
## というところへ行こうとして
## やっぱりやめるとこ

助けてほしいのかな？
これからはやる前に考えようね。

**I can use some help getting up this step.**

Column

"ここ柴" しぐさ編①

# なぜだろう?
# その一瞬にきゅんとしてしまう。

オバケの手

可愛い寝方を知ってる

椅子を使って休む

ベロをしまい忘れる
(触るとシュポッと入る)

kokoshibabu

Chapter 5

# ご主人のためには
# 頑張ります

楽しそうなご主人の
顔や声が大好きだから、
頑張りすぎちゃうこともあるよ。

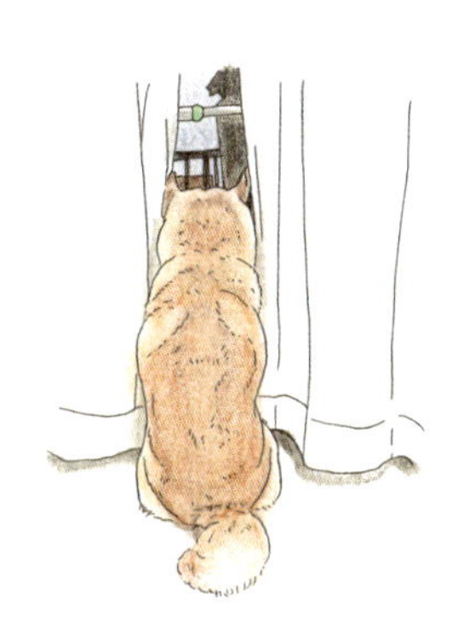

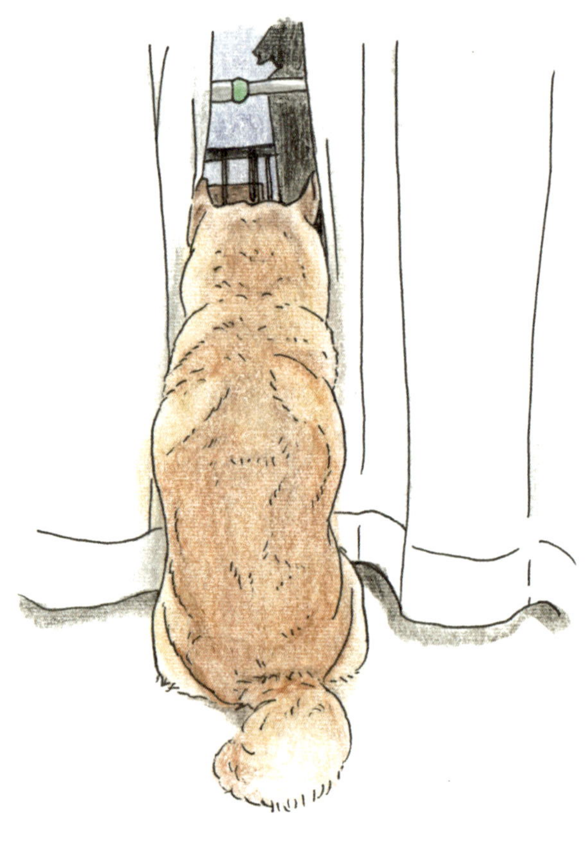

# 73

## 自宅周辺の警備に余念がないとこ

怪しいヤツはいないか !?

I'm your home security system.

## 74

# 触られる前に耳を倒すとこ

耳が立ってると指に当たりますでしょ？
こうしておけば、スムーズに「なで」に入れますでしょ？

**I flatten my ears so you can pat me.**

## 75

# 小さい子が甘えてくることには寛容なとこ

しょうがない。
しばらく腕まくらしてあげよう。
大人が甘えると結構素っ気なかったりしない？

**Here. Use my arm as a pillow.**

## 76

## 赤ちゃんのオムツ交換のタイミングを教えてくれるとこ

クンクン。
これは大きいほうですよ〜。

Please change the baby's diaper now.

## 77

# ご主人お手製のカッパに
# 愛を感じるとこ

台風だって大雨だって、
お仕事お外でさせてください。

**My mommy made this raincoat for me.**

# 78

## 家の中で、
## ご主人を見送れる場所を知ってるとこ

ここからは遠くまで見えるんだ。
ご主人がちっちゃくなるまで見えるんだ。

**Come back soon!**

## 79

# 暗闇で<br>目からビームを出すとこ

ゴシュジンヲマモリマス。

**My eyes glow in the dark.**

## 80

## ご主人がサイズを間違えて買ってきた服をどうにかして着せられてしまうとこ

片足入ったけど、両足無理…。
肩に乗せたら、ずり落ちる…。
あきらめきれなくてなぜか頭巾に…。

**I don't think these clothes are my size.**

## 81

## お散歩中に綺麗(きれい)なお花を見つけたとき持って帰るのを手伝ってくれるとこ（巻き尾さん限定）

少しずつ落としていくから
道しるべになるね。

You can use my tail as a basket.

## 82

## 目を覚ますと<br>まるで恋人のように<br>添い寝してくれてるとこ

おはよ。
今日も一日頑張れるわ。

I'll stay by your side like your sweetheart.

# 83

## 頼んでもないのに
## キス顔を披露してくれるとこ

んーーー。
ぶちゅっ！

I'm going to kiss you now!

## 84

“Happy Birthday”の意味は知らないけど、
いつものご飯とは違う美味しいものが
食べられる特別な日ってわかってるとこ

だから少々のことは我慢しとこ…と思ってる。

I get lots of delicious treats on my birthday.

## Column

"ここ柴"しぐさ編 ②

# そのしぐさ、すべてが愛おしすぎます。

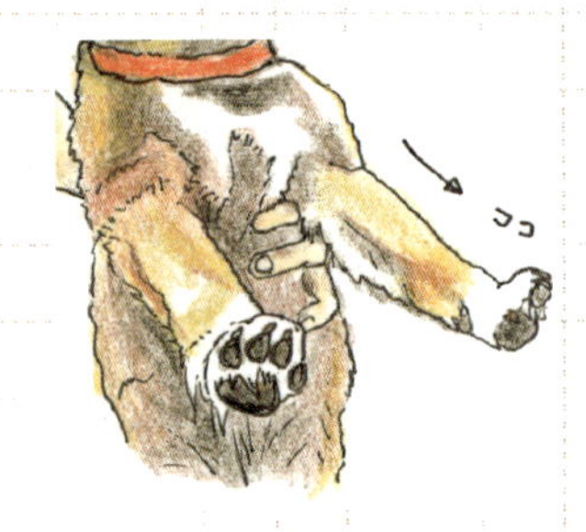

持ち上げると前脚が
ピーンとなる

歯が乾いて上唇が
下りなくなる

熟睡すると踏まれても平気

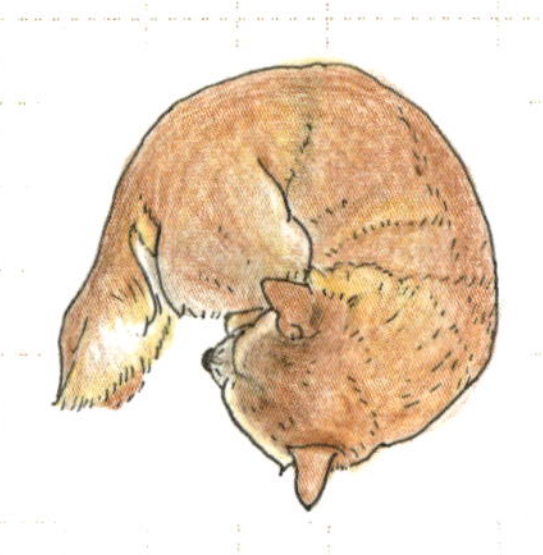

どうにか丸くなろうとする

kokoshibabu

Chapter 6

# その存在自体が奇跡です

寝てても起きてても、何もしていなくても
ご主人は、いつも優しい目で見てくれるね。
ご主人に出会えたことも奇跡だよ。

# 85

## お友だちとお尻くっつけて座ると
## しっぽがからまってどっちがどっちか
## わからなくなるとこ

巻き尾さんあるある。

Sitting with our tails locked together.

## 86

## 好きでそうしてるんだけど、ヘッドロックに見えるとこ

ガッチリ技かかってます。

**This is how you do a headlock!**

## 87

# どちらかの名前を呼ぶと
# どちらも振り向くとこ

せーの！ って言ったの？

**Did you call me? Or him?**

## 88

# 振り向きやすい方向は
# 柴それぞれなとこ

右きき。左きき。

**I like to look back in this direction.**

## 89

# ホラー映画のワンシーンのような寝顔になるとこ

だ、だいじょうぶ？
寝てるだけ？
怖いわ〜。

**This is just my sleeping face. It's not scary.**

## 90

## 雨の日、カッパを着せると
## 悪魔に魂を売ったような顔に
## なってしまうとこ

ウー、ウー、
売ってませんよー。

I'm not a demon. Just a doggie in a raincoat.

# 91

## たまに
## 膝らしきものが出現するとこ

よっこらしょっと。
腰かけてるとおっさんみたいだね。

**These are my knees.**

## 92

# 興奮したときなど
# 開き過ぎるとこ

なぜか
平べったくなるよね。

I flatten myself out when I get excited.

# 93

## 簡単に催眠術にかかるとこ

ご主人の手は魔法の手。
ね〜むれ〜ね〜むれ〜。
すぅ…。

**You can hypnotize me just by touching me.**

# 94

## 丸まると、しわが寄るとこ

ぎゅぎゅっとしわが集まったところに
指入れたくなる。

**I can curl myself into a ball.**

# 95

## 二本足で立つと
## ゴジラみたいな姿勢になるとこ

ちっとも怖くないシバラ。
「怖くないよ〜」
と言いながら近づいてるようにも見える。

**This is my Godzilla pose.**

# 96

## うしろ足が
## ピーンてなるツボがあるとこ

全身伸びてるときあるね。
無防備に身を任せてくれるの
何か嬉しい。

There's a button you can push to stretch my legs.

## 97

# 裏返すと真っ白なとこ。

まぶしー。

I’m all white on the belly side.

# 98

## お洋服が脱げかけてるとき
## 妙にセクシーなとこ

なぜか脱いでしまわないで、
そのままにしてることあるよね。

**Do ya think I'm sexy?**

# 99

## 大好きなおもちゃで遊んでいるときは何かが憑依(ひょうい)するので、写真に写らないとこ

手ぶれではありません。
あらぶる何かなのです。

**Quick! Take my picture now!**

## 100

# 体幹がしっかりしているとこ

海のレジャーも楽しめます。
ちょっと足プルプルしちゃう？
頑張ってバランスとるよ。

**I'm a great surfer.**

# 101

## 閉じてるときは
## 意外におちょぼ口なとこ

あら？ 口笛吹いてるの？
吹いてないですよ。

This is me with my lips puckered.

# 102

## 柴さんにちょうどいいバッグは
## なかなか見つからないとこ

既製品にはまらない。
柴サイズってむずかしい。

**Carry me in this bag! I’m not that heavy!**

# 103

## 実は、隙間の大きさに合わせて顔の大きさを変えられるとこ

その隙間にどうやって顔入れられたの？？？

**I'm a Face Transformer.**

# 104

## 一度手にした獲物は自分のもの！
## と言い張って聞かないとこ

ふっと口を離した瞬間に取ろうとすると、
ダメ！ とより力を込める。
ご主人が大切にしているものほどほしがるよね。

**This is mine! You can't have it!**

## 105

# 「仲良し」に種別は関係ないと教えてくれるとこ

にゃんこがわんこを好きになってもいいよね。
わんこがにゃんこに頼ってもいいよね。
お互いにかけがえのない存在で、そこにはご主人も入れない。

**We are the best of friends.**

# 106

## 途中からでも家族になれるとこ

飼い主と同じクセが出てくるとこ。
写真を撮ると、同じタイミングで目をつぶってしまう。

**We're family. That's why we look alike.**

## 107

# 日常の中に小さな奇跡を起こすとこ

おやつのガムが立った。
たまたま起きた奇跡。
あなたと出会えたことが
一番の奇跡だね。

Sometimes, I can make miracles happen.

## Special Thanks

Instagramのハッシュタグ「#ここ柴部」に投稿いただき、
イラスト化させていただいた柴さんたち。
モデルのご協力ありがとうございました。

平蔵くん、ごんくん、小梅ちゃん、リアンちゃん、にこちゃん、みくちゃん、
ななちゃん、空くん、クーくん、ゆきちゃん、マロンちゃん、はなちゃん、
ゆずちゃん、ばんぺいゆくん、チロちゃん、昇大朗くん、もみじちゃん、
わらびちゃん、つむじくん、紗助くん、春馬くん、ゴン太くん、豆吉くん、
ももちゃん、空ちゃん、のえるちゃん、六花ちゃん、アイちゃん、
たろすけくん、あんずちゃん、ゆずくん、むぎちゃん、ななちゃん、
さちちゃん、ボンちゃん、りくくん、きゅう太くん、はるちゃん、五月ちゃん、
がんもくん、うみちゃん、まるちゃん、ももちゃん、チロくん、きなこちゃん、
ムサシくん、ぷぅ〜ちゃん、ぽんたくん、しばまるくん、らいむちゃん、
ぽてちくん、キミちゃん、太陽くん、咲良くん、がっちゃん、れあくん、
ニゴくん、サンゴくん、ジンくん、ヒサゴくん、豆助くん、小夏ちゃん、
もみじちゃん、マメ太くん、ハクくん、大福くん、きなこちゃん、もなかくん、
さん太くん、銀次郎くん、はつくん、けんしろうくん、こぶしくん、
八朔くん、銀次郎くん、小町ちゃん、さくちゃん、小鉄くん、九咲くん、
ごまちゃん、静香ちゃん、みかんちゃん、小麦ちゃん、カイくん、
ヒデヨシくん、コハクちゃん、クロスケくん、はなちゃん、おとめちゃん、
神楽ちゃん、ハルちゃん、きなこちゃん、蕎麦くん、こみねちゃん、
ももちゃん、虎太郎くん、こむぎちゃん、ファシオちゃん、ヤンくん、
わんさくくん、花ちゃん、りゅうじくん、茶汰郎ちゃん、こてつくん、
こむぎちゃん、しのちゃん、くぅちゃん、Lanaちゃん、
こよみ、ハナ、ソラ

kokoshibabu

# みんな違う

ハナはブリーダーさんのところで生まれた子。
ソラは、ハナが我が家で出産した子。
こよみは３歳まで別のご家庭で過ごし、ある日突然家族になった子。

みんな生まれ育った境遇が違う。

仔犬のときにお母さんから離れたハナ。
生まれたときからずっとお母さんと一緒だったソラ。
産みの親とも育ての親とも離れたこよみ。

変わらないのはみんなうちの子だということ。
みんな愛されているということ。

愛が重いときもあれば、愛が足りないときもあるかもしれない。
それを愛と感じていないこともあるかもしれない。

まだ、こよみとの距離感をつかめていない。
コミュニケーションの取り方に悩んでしまう。

こよみはひとに歯を見せないし、ワンと言わない。
でもそれは、嫌じゃないからそうしないのかはわからない。
どんなふうに育てられたかわからないから、
嫌なことをすごく我慢しているかもしれない。

いつかこよみのほうからいろいろ教えてくれたらいいな。

こよみはボール投げもしないし、ぬいぐるみをひっぱりあったりもしないけど、
お散歩の間ずっと楽しそうで、いつでもご飯が待ち遠しくて。
こよみにとって大好きなお散歩とご飯の時間を与えてくれる人であれば
それでじゅうぶんなのかもしれない。

これから関係性は変わるかもしれないけど、今すぐには
ハナやソラと同じような信頼関係で
結ばれていなくてもいいのではないかと思う。

もしかしたらハナは、産んでくれたお母さんの胸の中で、
もう一度寝たいと思ったかもしれない。

もしかしたらソラは、いつもお母さんと一緒に散歩していることを
周りのわんこにからかわれていたかもしれない。

もしかしたらこよみは、環境が変わったことを
ただ楽しんでいるのかもしれない。
もし…もし一度だけ会話ができるなら「大好き」とだけ伝えたい。

にしだまりこ

ここ柴

京都府在住。自称柴犬専門イラストレーター。Instagramをはじめとする SNS で「柴犬のここが好き」シリーズを発信。我が子を「柴犬のここが好き」のモデルにしたい飼い主専用 Instagram のハッシュタグ「#ここ柴部」の投稿は 10 万件を超える。minne（ミンネ）やイベントで販売しているここ柴グッズも人気。原画展には全国からファンが訪れる。

Instagram:@nsdikm_hanasora
Facebook:@shibakoko

文　にしだまりこ
ブックデザイン　野本綾子
和文校正　戎谷真知子
英文校正　星野真理

柴犬（しばいぬ）のここが好（す）き
#ここ柴部（しばぶ）

2019年2月19日　第1刷発行

著者　ここ柴（しば）
発行者　渡瀬昌彦
発行所　株式会社講談社
〒112-8001 東京都文京区音羽 2-12-21
電話 03-5395-3606（販売）
03-5395-3615（業務）
編集　株式会社講談社エディトリアル
代表　堺 公江
〒112-0013 東京都文京区音羽 1-17-18
護国寺 SIA ビル 6F
電話 03-5319-2171
印刷所　大日本印刷株式会社
製本所　株式会社国宝社


N.D.C.487.56　127p 19cm
ISBN978-4-06-514779-5